Ehler Benjes

CO2-Lagerung im Meer - Lösung des Klimaproblems?

GRIN Verlag

Bibliografische Information der Deutschen Nationalbibliothek:

Die Deutsche Bibliothek verzeichnet diese Publikation in der Deutschen National-
bibliografie; detaillierte bibliografische Daten sind im Internet über http://dnb.d-
nb.de/ abrufbar.

Impressum:

Copyright © 2012 GRIN Verlag, Open Publishing GmbH
Druck und Bindung: Books on Demand GmbH, Norderstedt Germany
ISBN: 978-3-656-25263-4

Inhaltsverzeichnis

1. Einleitung 1

2. CO$_2$ und der Klimawandel 1

3. CO$_2$-Abscheidung 2

    3.1   Post-Combustion Capture 3

    3.2   Pre-Combustion Capture 4

    3.3   Oxy-Combustion 4

4. Transport 5

    4.1   Transport mit Pipelines 5

    4.2   Weitere Transportmöglichkeiten 6

5. Lagerung im Meer 7

    5.1   Indirekte Ozeanspeicherung 8

    5.2   Ökologische Aspekte 8

    5.3   Rechtlicher Rahmen 9

    5.4   Austausch mit Methanhydrat 9

6. Alternativen zur Ozeanspeicherung 10

7. Fazit und Ausblick 11

Literaturverzeichnis 13

Anhang 14

1. Einleitung

Heute wird der größte Anteil (etwa dreiviertel) der Energie in Deutschland aus fossilen Brennstoffen gewonnen (siehe Abbildung 1). Bei Umwandlung von Mineralöl, Erdgas, Braun- und Steinkohle wird das Treibhausgas Kohlenstoffdioxid freigesetzt, welchem eine maßgebliche Beteiligung am anthropogenen Klimawandel zugeschrieben wird. Um dem entgegenzuwirken, wird immer mehr auf regenerative Energien gesetzt, und es wird versucht, durch effizientere Geräte den CO_2-Ausstoß möglichst gering zu halten.

Allerdings könnte man die fossilen Brennstoffe auch weiter zur Energiegewinnung nutzen, wenn man das Kohlenstoffdioxid nicht in die Atmosphäre entweichen lassen würde. Diese Maßnahmen zur CO_2-Abscheidung und -Speicherung (engl. „Carbon Capture and Storage": CCS) könnten in der Zukunft eine wichtige Rolle spielen, da sie nach derzeitigem Kenntnisstand eine vielversprechende Möglichkeit zur Reduzierung der CO_2-Emission darstellt. Besonders interessant ist die Lagerung des CO_2 im Meer, da es dort als weniger störend empfunden werden kann als an Land.

In dieser Facharbeit soll der Versuch unternommen werden aufzuzeigen, inwiefern die Forschungen für die Lagerung von Kohlenstoffdioxid im Meer sinnvoll sind und ob das CCS-Verfahren zu einer Lösung des Klimaproblems führen könnte.

Zunächst wird der Zusammenhang zwischen CO_2 und dem Klimawandel erläutert. Im dritten Kapitel geht es um die Trennung des CO_2 von anderen Gasen, dabei wird auf drei Verfahren näher eingegangen. Im vierten Teil der Facharbeit werden die verschiedenen Möglichkeiten zum Transport von CO_2 erörtert. Im fünften Kapitel wird die Lagerung im Meer analysiert, wobei dann auf die indirekte Ozeanspeicherung, auf ökologische Aspekte, den rechtlichen Rahmen und eine besondere Art der Speicherung eingegangen wird. Danach werden im sechsten Kapitel Alternativen zur Ozeanspeicherung angesprochen.

2. CO$_2$ und der Klimawandel

Eine zentrale Rolle im anthropogenen Treibhauseffekt spielt Kohlenstoffdioxid, denn es hat mit 60 % den größten Anteil aller Treibhausgase am anthropogenen Treibhauseffekt (siehe

Abbildung 2).[1] Das sich in der Atmosphäre befindliche Kohlenstoffdioxid lässt zwar, wie auch andere Treibhausgase, die kurzwelligen Sonnenstrahlen in die Atmosphäre eindringen, aber es lässt die nach dem Auftreffen auf die Erde umgewandelte langwellige Wärmestrahlung nicht mehr in den Weltraum entweichen, sodass sich die Erde wie ein Treibhaus aufheizt (siehe Abbildung 2). Dieses ist eine natürliche und für uns lebenswichtige Gegebenheit, da sonst die globale mittlere Temperatur auf der Erde -16 C° statt der im Moment herrschenden +15 C° liegen würde.[2] [3] Schon daran kann man sehen, welche weitreichenden Folgen der Treibhauseffekt hat, da ohne ihn auf der Erde so kein Leben möglich wäre.

Seit der industriellen Revolution nimmt der Ausstoß von CO_2 durch die Verbrennung von fossilen Energieträgern zu, dadurch wird der natürliche Treibhauseffekt durch den anthropogenen Treibhauseffekt verstärkt. Der natürliche Treibhauseffekt wird durch Ereignisse wie Vulkanausbrüche, beeinflusst, sodass es auch Temperaturschwankungen gibt. Allerdings gab es in den letzten 150 Jahren so große Schwankungen wie normalerweise in 1000 Jahren. Das deutet stark darauf hin, dass auch der Mensch großen Einfluss auf das Klima hat.[4]

Kohlenstoffdioxid ist ein relativ „schwaches" Treibhausgas, beispielsweise 30-mal schwächer als Methan. Da es aber bei der Verbrennung von allen fossilen Energieträgern entsteht, wird davon vergleichsweise viel vom Menschen produziert, sodass Kohlenstoffdioxid circa 60 % des vom Menschen verursachten Treibhauseffekts ausmacht.[5] [6]

3. CO_2-Abscheidung

Um Kohlenstoffdioxid lagern zu können, ist die CO_2-Abscheidung wichtig, d. h., dass die anderen bei der Verbrennung entstehenden Stoffe von dem CO_2 getrennt werden müssen. Stickstoff bildet den größten Teil des Abgases, und es wäre nicht sinnvoll, diesen für die Umwelt ungefährlichen Stoff zu speichern.[7] Grundsätzlich wird bei CCS das CO_2 in den Verbrennungsgasen auf eine höhere Konzentration gebracht, danach das Volumen verringert und

---

[1] Vgl. http://www.goergens-miklautz.de/klimaxjs/klimawandel.html, Zugriff: 04.02.2012.

[2] Vgl. Zellner, Reinhard. Chemie über den Wolken. 1.Auflage. Essen: Wiley-VCH Verlag 2011. S. 16.

[3] Vgl. Bennett, Jeffrey / Donahue, Megan / Schneider, Nicolas, et al. Astronomie die kosmische Perspektive. 5. Auflage. München: Pearson Studium 2010. S. 416

[4] Vgl. http://www.goergens-miklautz.de/klimaxjs/klimawandel.html, Zugriff: 04.02.2012.

[5] Vgl. Duda, Carolin. Meeresökosysteme (ohne Tiefsee) am Beispiel der Antarktis. 1.Auflage. Norderstedt: Grin Verlag 2006. S.16.

[6] Vgl. http://www.goergens-miklautz.de/klimaxjs/klimawandel.html, Zugriff: 04.02.2012.

[7] Vgl. Blohm, Michael / Erdmenger, Christoph / Ginzky, Harald, et al. Climate Change, Technische Abscheidung und Speicherung von CO_2 – nur eine Übergangslösung. Dessau: Umweltbundesamt 2006. S. 16.

zu Lagerstätten gebracht. Durch die Abscheidung wird allerdings der Wirkungsgrad verringert, sodass letztendlich mehr CO_2 für die gleiche Energiemenge entsteht. Deshalb muss hier zwischen dem abgeschnittenen CO_2 und dem vermiedenen CO_2-Ausstoß unterschieden werden (siehe Abbildung 3).[8]

Bei den heutigen anfallenden Rauchgasen liegt der Anteil von CO_2 bei 5-15 Vol.-%. Um aber CCS effizient durchführen zu können, sollte der Anteil 90 % betragen. Im Moment gibt es drei mögliche Abscheidungsverfahren, um diesen Anteil zu erhöhen, bei denen besonders der Punkt der Abscheidung variiert. Diese Verfahren lassen sich in drei Gruppen einteilen: in die nachgeschaltete Abscheidung (Post-Combustion Capture), die vorgeschaltete Abscheidung (Precombustion Capture) und die Sauerstoffverbrennung (Oxy-Combustion, siehe Abbildung 4).[9] Diese drei Grundtypen können auf die verschiedensten Weisen und Stellen in ein Kraftwerk eingebaut werden.[10] Kraftwerke sind derzeit die einzigen ökonomisch sinnvollen Einsatzplätze für die Abschneidung, da diese Technik zum Beispiel für normale Häuser oder Autos zu platzintensiv wäre.

3.1 Post-Combustion Capture

Beim Post-Combustion-Prozess wird der fossile Energieträger normal mit Luft verbrannt, dann wird aus dem Rauchgas das CO_2 herausgetrennt, indem durch eine Aminwäsche die sauren Gase chemisch absorbiert werden. Mit dieser Technik kann das CO_2 auf eine 85 %-90%ige Konzentration gebracht werden.[11] Dies ist zurzeit die einzige Methode, die auch in großindustriellem Maßstab funktioniert. Außerdem lassen sich fast alle Kraftwerke theoretisch nachrüsten, da man diese Methode direkt vor dem Schornstein einsetzt. Allerdings wird viel Energie für die Reinigung des Waschmittels benötigt, und es gibt besonders bei älteren Kraftwerken hohe Leistungseinbußen, sodass es sich hierbei zwar um die weltweit am weites-

---

[8] Vgl. Radgen, Peter, Clemens Cremer, Sebastian Warkentin, et al. Climate Change, Verfahren zur CO_2-Abscheidung und -Speicherung. Dessau: Umweltbundesamt 2006. S. 16.
[9] Vgl. Radgen et al. 2006, S. 11.
[10] Vgl. Blohm et al. 2006, S. 16.
[11] Vgl. Möbius, Sigrid Annett. Charakterisierung perowskitischer Hochtemperaturmembranen zur Sauerstoffbereitstellung für fossil gefeuerte Kraftwerksprozesse. Aachen: Forschungszentrum Jülich 2010. S. 6.

ten ausgereifte Methode zur CO_2-Abscheidung handelt, aber auch um die energetisch ungüns-
tigste.[12]

3.2 Pre-Combustion Capture

Bei Precombustion-Prozess wird der fossile Energieträger erst partiell mit reinem Sauerstoff
oxidiert:

$$C + \frac{1}{2}O_2 \rightarrow CO$$

Danach wird das CO mit Wasserdampf zu CO_2 und H_2 umgewandelt:

$$CO + H_2O \rightarrow CO_2 + H_2$$

Diese Reaktion wird auch als Wassergas-Shift-Reaktion bezeichnet. Der entstandene Wasserstoff kann zur Energieerzeugung verwendet werden. Mit dieser Methode lässt sich die Konzentration von CO_2 auf 85 % - 95 % steigern. Wegen der vorgeschalteten Abscheidung ist bei
dieser Methode die Art des fossilen Brennstoffes weitgehend egal.[13] Könnte man die Umwandlung von Kohle in Brenngas in großen Mengen bewerkstelligen, wäre dies wohl aufgrund der hohen CO_2-Konzentration und des geringen Energieverlusts die am besten geeignete Variante der Abscheidung. Diese Variante ist allerdings weniger erforscht und ausgereift
als die Post-Combustion-Technik.

3.3 Oxy-Combustion

Bei der Oxy-Combustion wird der Energieträger mit reinem Sauerstoff verbrannt, dadurch
entstehen hauptsächlich CO_2 und Wasser und kaum Stickstoff wie bei der Verbrennung mit
Luft. Durch den Sauerstoff gibt es eine größere Wärmeentwicklung, welche aber durch Zuga-
be von Kohlenstoffdioxid wieder gehemmt wird. Allerdings wird für die kryogene Luftzerle-
gung (LINDE-Verfahren) zur Bereitstellung des Sauerstoffes sehr viel Energie benötigt.[14] Mit
dieser Methode kann 20 % bis 40 % und teilweise auch mehr CO_2 im Rauchgas erzeugt werden. Hier ist deshalb der Unterschied zwischen abgeschiedenem und vermindertem CO_2
groß.[15]

---

[12] Vgl. Blohm et al. 2006, S. 16.
[13] Vgl. Blohm et al. 2006, S. 18.
[14] Vgl. Möbius 2010, S. 7.
[15] Vgl. Blohm et al. 2006, S. 19.

4. Transport

Meistens liegen die Kraftwerke, bei der das CO_2 abgeschieden wird, nicht nah genug an den Lagerstätten im Meer, sodass ein langer Transportweg bewältigt werden muss. Die einzigen ökonomisch sinnvollen Möglichkeiten sind der Transport mit Schiff oder Pipeline. Bei beiden Transportarten muss das CO_2 verflüssigt und stark komprimiert werden, damit das Volumen möglichst gering wird. Dafür wird allerdings besonders für die Kompression und die Kühlung viel Energie in Form von Strom benötigt. Schon die CO_2-Verdichtung würde gegenwärtig bei Gaskraftwerken einen Wirkungsgradverlust von 2 % bedeuten, bei Kohlekraftwerken sogar 3,5 %.[16] Insgesamt macht der Transport den geringsten Teil (10 % - 15 %) der Gesamtkosten des CCS aus. Eine durch CCS vermiedene Tonne CO_2 kostet ca. 35 € bis 45 €. Die Transportkosten belaufen sich je nach Menge und Transportweg per Pipeline 4,50 € pro Tonne CO_2 und mehr.[17]

4.1 Transport mit Pipelines

Pipelines sind für große Mengen CO_2 eine gute Transportmöglichkeit, sowohl in ökonomischer als auch in ökologischer Hinsicht. Damit das CO_2 auf Distanzen von mehreren hundert Kilometern kontinuierlich Kohlenstoffdioxid in den überkritischen Zustand (Zustand mit Eigenschaften von einer Flüssigkeit und eines Gases)[18] überführt, dadurch wird das Volumen stark verringert. Bei noch weiteren Strecken werden Pump- und Zwischenverdichterstationen eingesetzt, damit der Druck nicht abfällt. In den USA sind im Rahmen des Enhanced-Oil-Recovery-Programms in einem 5000 km langen Pipeline-Netz seit 30 Jahren insgesamt positive Erfahrungen mit dem CO_2-Transport durch Pipelines gemacht worden.[19] Es sind also schon genügend Erfahrungen im großtechnischen Raum gemacht worden, und das Unfallrisiko ist relativ gering. Grundsätzlich unterscheidet sich der CO_2-Transport durch Pipelines kaum von dem Transport von Erdgas, Erdöl oder anderen flüssigen Gefahrenstoffen. Allerdings muss bei den Pipelines besonders auf Korrosionsbeständigkeit geachtet werden, da die Alterung aufgrund der niedrigeren Temperaturen schneller voranschreitet. In Europa ist noch

---

[16] Vgl. Beising, Rüdiger. Klimawandel und Energiewirtschaft. 4. Auflage. Essen: VGB PowerTech 2010. S. 200.
[17] Vgl. http://www.iz-klima.de/ccs-prozess/transport/co2-pipeline/, Zugriff: 10.02.2012.
[18] Vgl. Cerdá, Óskar. Thermoreversible Gele von isotropen und anisotropen Flüssigkeiten mit chiralen Organogelatoren. Göttingen: Cuvillier Verlag Göttingen 2005. S. 61.
[19] Vgl. Beising, Rüdiger. Klimawandel und Energiewirtschaft. 4. Auflage. Essen: VGB PowerTech 2010. S. 200.

kein CO_2-Pipeline-Netz vorhanden, sodass dies einen beträchtlichen Kapitalaufwand bedeuten würde.[20] [21]

4.2 Weitere Transportmöglichkeiten

Außer mit Pipelines könnte man CO_2 z. B. noch mit LKWs, Eisenbahnen oder Schiffen transportieren.

Mit LKWs wäre der Transport von CO_2 in sehr geringen Mengen zwar möglich. Würde man aber das gesamte Kohlenstoffdioxid aus einem mittleren Kraftwerk wegtransportieren, würden die LKWs schnell an ihre Grenzen kommen, da für ein mittleres Kraftwerk pro Jahr etwa fünf Millionen Tonnen CO_2 transportiert werden müssten und ein LKW höchsten 25 Tonnen CO_2 fasst. Für diese Menge müssten 250.000 LKWs im Jahr zum Speicherort fahren, dies wäre sehr unrentabel und auch umwelttechnisch völlig sinnlos. Außerdem könnten LKWs Lagerstätten im Meer nicht erreichen (siehe Abbildung 5 und 6).[22]

Im Vergleich zum LKW könnte mit der Bahn zwar deutlich mehr CO_2 transportiert werden, da ein Zug ca. 1000 Tonnen CO_2 fasst. Trotzdem müssten für ein mittleres Kraftwerk fünf Züge täglich zwischen dem Kraftwerk und dem Speicherort fahren, sodass auch diese Transportmöglichkeit, auch wegen der Belastung des Schienennetzes, keine gute Wahl wäre (siehe Abbildung 5 und 6).[23]

In kleinem Umfang ist auch der Transport mit Schiffen eine Option, wie der bereits durchgeführte Transport von Flüssigerdgas per Schiff. Für große Mengen CO_2 wie aus Kraftwerken müssten noch besondere Schiffe entwickelt werden (mit speziellen Belade- und Entladevorrichtungen und ergänzende Transportsysteme, wie z. B. Zwischenspeicher).[24] Diese Art von

---

[20] Vgl. Panos, Konstantin. Praxisbuch Energiewirtschaft: Energieumwandlung, -transport und -beschaffung im liberalisierten Markt. 2. Auflage. Heidelberg: Springer Verlag 2009. S. 265.
[21] Vgl. http://www.iz-klima.de/ccs-prozess/transport/weitere-transportoptionen/, Zugriff: 10.02.2012.
[22] Ebenda.
[23] Ebenda.
[24] Ebenda.

Transport ist jedoch nur auf großen Entfernungen (über 1000 km) und in kleinen Mengen sinnvoll (siehe Abbildung 5 und 6).[25]

Für die Lagerung von CO_2 im Meer wäre es aufgrund der oben genannten Argumente am sinnvollsten, eine Kombination aus Pipelines und Schiffen zum Transport zu nutzen.

5. Lagerung im Meer

Die Ozeane sind eine Senke für CO_2, die jährlich ca. 7 Gt CO_2 aufnehmen könnten (1/3 des anthropogenen Treibhauseffekts). Meistens sind dabei die oberen Schichten der Ozeane mit CO_2 gesättigt, und das CO_2 zirkuliert zwischen dem Meer und der Atmosphäre. Die tieferen Wasserschichten sind untersättigt, könnten also noch CO_2 aufnehmen. Je tiefer CO_2 in das Meer gelangt, desto abgeschnittener ist es von der Atmosphäre und desto langfristiger lässt sich das CO_2 speichern. Deshalb ist das Ziel aller möglichen Technologien, mit denen CO_2 im Meer gespeichert wird, das Treibhausgas möglichst tief einzulagern. Dabei muss eine Tiefe von 3000 Metern überschritten werden. In dieser Tiefe wird das CO_2 dichter und schwerer als das Meerwasser, sodass es nicht wieder an die Oberfläche steigt. Das Besondere daran ist, dass man dafür keinen begrenzten Raum benötigen würde. Wenn das CO_2 in fester oder flüssiger Form per Schiff in das Meer gepumpt wird, löst sich so viel Kohlenstoffdioxid, bis das Wasser gesättigt ist. Der Rest sinkt auf den Meeresboden, und es bilden sich „Kohlenstoffdioxidseen".[26]

Diese Methode wäre wirtschaftlich gesehen sehr günstig, da fast unbegrenzt CO_2 gelagert werden könnte, allerdings ist noch völlig unerforscht, welche ökologischen Folgen diese Art der Speicherung mit sich bringen könnte (z. B. wenn durch Schwankungen in der Meeresschichtung Gas entweicht)[27], sodass diese Form der Speicherung (ohne abgegrenzten Raum), mit der Richtlinie 2009/31/EG des europäischen Parlaments und Rates vom 23. April 2009

---

[25] Vgl. Grünwald, Reinhard. Treibhausgas – ab in die Versenkung? Möglichkeiten und Risiken der Abscheidung und Lagerung von CO2. Berlin: Edition Sigma 2008. S. 32.
[26] Vgl. Bullinger, Hans-Jörg. Technologieführer: Grundlagen – Anwendungen – Trends. Heidelberg: Springer Verlag 2007. S. 528.
[27] Vgl. Katz, Tobias. Ein Beitrag zur Bewertung von Maßnahmen zur CO2-Abscheidung und -Speicherung unter dem Aspekt der Nachhaltigkeit. Aachen: Technische Hochschule Aachen 2010. S. 57 f.

untersagt wird (siehe 5.3 Rechtlicher Rahmen). In Japan und den USA wird dennoch intensiv an dieser Speichermöglichkeit geforscht und geprobt.[28]

5.1 Indirekte Ozeanspeicherung

Bei der indirekten Ozeanspeicherung wird der Ozean mit CO_2 großflächig „gedüngt". Dadurch wird das Planktonwachstum angeregt. Es wird vermutet, dass das Plankton dann jedoch wegen fehlender Mineralien abstirbt und auf den Boden sinkt. Das Kohlenstoffdioxid würde dann in der Biomasse gespeichert. Aber auch diese Methode ist kaum erforscht und dieses Verfahren würde auch in der Öffentlichkeit wahrscheinlich nur sehr geringe Akzeptanz bekommen.[29]

5.2 Ökologische Aspekte

Die größten Probleme stellen dabei die unabsehbaren ökologischen Folgen dar. Durch das Einleiten von CO_2 versauert der Ozean.

Auch wenn der Transport von CO_2 als relativ sicher eingeschätzt wird, könnte es dennoch dort zu Unfällen kommen. Bei den Folgen sollte man generell zwischen lokalen Umweltrisiken und Klimarisiken unterscheiden. Bei einem spontanen Austritt von CO_2 (Unfall) könnte dies für die lokale Umwelt eine kurzfristige, vorübergehende, massive Einwirkung bedeuten, die im schlimmsten Fall lebensbedrohlich sein könnte. Auch wenn CO_2 mit 0,04 % in der Luft für Pflanzen zur Photosynthese lebenswichtig ist, wäre eine höhere Konzentration schädlich für sie. Außerdem könnte sich das CO_2, das schwerer als Luft ist, in Senken auf dem Land sammeln und bei einer Konzentration von über 10 Vol.-% zu Erstickungen von Menschen und Tieren führen.

Abgeschiedenes Kohlenstoffdioxid beinhaltet in der Regel noch andere chemische Verbindungen, die je nach Ausgangsstoff und Abscheidungsmethode verschieden sein können. Dabei kann es sich auch um toxische, bioakkumulierende oder persistente Stoffgruppen handeln, die bei Freisetzung oder Ablagerung weitreichende Schäden an der Umwelt zur Folge haben können. Die typischen Schadstoffe sind dabei Schwefeldioxid (SO_2), Stickstoffoxide (NO_x) und Schwefelwasserstoff (H_2S), die aber mit allerhöchstens 0,6 % vom ganzen Kohlenstoffdioxid-Strom als eher ungefährlich einzuschätzen sind. Kritischer sind die Schadstoffe, die durch die industriellen Prozesse in das Abgas gelangen. Dies

---

[28] Vgl. Radgen et al. 2006, S. 20.
[29] Ebenda.

müsste bei jedem Kraftwerk einzeln überprüft werden.[30] Denn trotz der prozentual geringen Mengen können in mittleren Kraftwerken bis zu 30 000 Tonnen dieser Schadstoffe im Jahr anfallen.

5.3 Rechtlicher Rahmen

Auf nationaler Ebene gibt es in Deutschland und auch in vielen anderen europäischen Ländern noch keine rechtlichen Grundlagen zum CCS. Allerdings wurden mit der Richtlinie 2009/31/EG des europäischen Parlaments und Rates vom 23. April 2009 auf internationaler Ebene die rechtliche Lage geklärt und einige Hindernisse aus dem Weg geräumt. Die Richtlinie muss aber noch in den einzelnen Staaten umgesetzt werden. Es wurde festgelegt, dass CCS nur mit einem strengen Überwachungsplan durchgeführt werden kann. Bei der Lagerung unter dem Meeresboden muss die Überwachung außerdem an die besonderen Bedingungen des CCS-Prozesses in der Meeresumwelt angepasst werden. Die Lagerung auf dem Meeresboden wird aufgrund der unvorhersehbaren Folgen im Ökosystem komplett ausgeschlossen. Da es noch wenige Kriterien zur Eignung und Langzeitsicherheit von CO_2-Lagerstandorten gibt, befassen sich mehrere nationale und internationale Forschungsprojekte mit diesen Themen.

Zurzeit ist das einzige nationale Forschungsprojekt das CO_2SINK-Projekt in Ketzin/Brandenburg, welches sich auch nur auf die Lagerung in salinaren Aquiferen bezieht (Salzwasser führende poröse Gesteinsschichten). Seit Juni 2008 wird hier in geringen Mengen CO_2 in eine salinare Aquifere injiziert. Dabei sollen die geologischen Prozesse im Untergrund während der Injektion erforscht werden.[31]

5.4 Austausch mit Methanhydrat

Ein vielversprechendes Verfahren, um CO_2 im Meer zu lagern, könnte auch das Einleiten von CO_2 in Methanhydratvorkommen sein.

Als Erstes wird das Methanhydratvorkommen an zwei Stellen angebohrt, und es werden Leitungen, beispielsweise zu einem Gaskraftwerk, gelegt. Dann wird durch die eine Leitung das Methan abgepumpt und durch die andere Kohlenstoffdioxid eingeleitet (siehe Abbildung 7).

---

[30] Vgl. Blohm et al. 2006, S. 58-59.
[31] Vgl. http://www.lbeg.niedersachsen.de/portal/live.php?navigation_id=573&article_id=935&_psmand=4, Zugriff: 13.02.2012.

Dabei findet folgende Reaktion statt:

$$CH_4(aq) + CO_2(l) \rightarrow CH_4(g) + CO_2(aq)\,[32]$$

Kohlenstoffdioxidhydrat ist um einiges stabiler als Methanhydrat, sodass es auch etwas größere Temperatur- und Druckschwankungen besser überstehen würde als Methanhydrat. Somit würde auch das Kohlenstoffdioxidhydrat bei kleineren Temperatur- und Druckschwankungen nicht entweichen.[33] Mit diesem Verfahren könnte man den Abbau von Methanhydrat und CO_2 verbinden und könnte so klimaneutrale Energie gewinnen.

6. Alternativen zur Ozeanspeicherung

Industrielle Verwendung:

Aktuell benötigt die Industrie jährlich ca. 100 Mio. Tonnen CO_2, z. B. in der Getränkeindustrie, als Kühlmittel, Treibmittel, Schutzgas, Löschmittel und als Chemierohstoff.[34] Allerdings würde das bei einem jährlichen CO_2-Ausstoß von 50Gt lediglich 0,2 % ausmachen und auch das Wachstumspotential ist relativ gering. Außerdem wird das CO_2 nach einer gewissen Zeit wieder freigesetzt.

Speicherung durch Mineralisierung:

Seit Beginn der 1990er Jahre werden chemische Reaktionen untersucht, mit denen man CO_2 und Silikate verbinden kann. Diese Reaktionen sind exotherm, also energetisch günstig.[35] Außerdem wird untersucht, ob eine Injektion von CO_2 direkt in eine Silikat-Lagerstätte möglich wäre.[36] Das Problem dabei ist allerdings die langsame Reaktionsgeschwindigkeit sowie hohe Kosten für die Gewinnung der Silikate.[37]

Geologische Speicherung:

Besonders die Aquiferen (Salzwasser führende Gesteinsschichten) wären für die CO_2-Speicherung an Land eine gute Möglichkeit, wenn darüber eine gasundurchlässige Gesteins-

---

[32] Vgl. Zellner 2011, S. 67.

[33] Ebenda.

[34] Vgl. Katz 2010, S. 57.

[35] Vgl. Goldberg, Philip. „CO_2 Mineral Sequestration Studies in US". Journal of Energy & Environmental Research, 01 (01), 2001. S. 177 ff.

[36] Vgl. Radgen et al. 2006, S. 89.

[37] Vgl. Fischedick, Manfred / Esken, Andrea / Luhmann, Hans, et al. Geologische CO_2-Speicherung als klimapolitische Handlungsoption. Wuppertal: Wuppertal Institut für Klima, Umwelt, Energie 2007. S. 16.

schicht wäre. Besonders in Norddeutschland gibt es potentielle Lagerstätten mit beträchtlichen Kapazitäten. Da das Wasser sehr salzhaltig ist, wird es beispielsweise auch nicht für die Landwirtschaft benötigt. Ab Tiefen von 1000 Metern ist das Wasser dort bis zu 100 C° warm, sodass hier auch Geothermie sinnvoll wäre und es zu einem Interessenkonflikt kommen könnte.[38]

7. Fazit und Ausblick

Besonders für Deutschland kommt eine CO_2-Speicherung im Ozean kaum infrage, da zu den ökologischen Problemen noch die weiten Transportwege kommen, denn die Nord- und Ostsee sind nicht tief genug. Auch für Deutschland interessant ist die Speicherung in salinaren Aquiferen, da diese Speicherung ökonomisch sinnvoller wäre als Energie direkt aus erneuerbaren Energien zu gewinnen. Außerdem könnten durch Einleiten von CO_2 fast leere Erdgasfelder komplett ausgeschöpft werden.[39] Auch die Abscheidung würde bei den Kohlekraftwerken relativ einfach sein, da in fast allen Kraftwerken in den nächsten Jahren eine Modernisierung nötig wäre, sodass man dies mit dem Einbau von Abscheidungsmaschinen kombinieren könnte.[40] Mit der Pre-Combustion Abscheidungsmethode könnte auch der Einstieg in die Wasserstoffwirtschaft gelingen.

Allerdings bringt CCS auch einige Nachteile mit sich. Zum Beispiel würden dadurch die Kohlekraftwerke stark gefördert und dadurch die weitere Entwicklung von erneuerbaren Energien eingeschränkt. Besonders bei der Lagerung in Aquiferen würde z. B. die Geothermie an den Stellen unmöglich werden. Auch gäbe es starke Wirkungsgradverluste, die den Strompreis bis auf das Doppelte ansteigen lassen könnten.[41]

Abschließend lässt sich sagen, dass CCS höchsten einen Aufschub für die Klima- bzw. Energieproblematik gewährt, denn selbst wenn man das Klimaproblem in den Griff bekommen würde, würden in einigen Jahren die fossilen Brennstoffe ausgehen. Man sollte sich also fragen, ob es sich überhaupt lohnt, diese Technik weiter zu erforschen. Sicher ist, dass die CO_2-

---

[38] Vgl. Grünwald 2008, S. 43.
[39] Vgl. Tetzlaff, Karl-Heinz. Wasserstoff für alle: Wie wir der Öl-, Klima- und Kostenfalle entkommen. Norderstedt: Books on Demand 2008. S. 131 ff.
[40] Vgl. Radgen 2006, S. 24.
[41] Vgl. Lampp, Jan. CO2-Speicherung- Ansätze, Konzepte, Trends. Norderstedt: Grin Verlag 2009. S. 17.

Lagerung im Meer nicht das Klimaproblem lösen kann, da zu viele Staaten zu weit entfernt von geeigneten Ozeanen liegen und auch die ökologischen Folgen weitreichender wären als an Land. Deshalb sollte man mehr CCS an Land fördern. Dafür müssten allerdings die EU-Richtlinien auch auf nationaler Ebene umgesetzt und konkretisiert werden. Außerdem müsste ein strenger Überwachungsplan ausgearbeitet und auch erforscht werden, welche Folgen ein Entweichen aus diesen Lagerstätten hätte.

Letztlich muss man sich von der Abhängigkeit von fossilen Brennstoffen lösen, und dabei führt kein Weg an erneuerbaren Energien vorbei. CCS an Land ist vielleicht eine Lösung zur Überbrückung, allerdings nur zeitlich begrenzt.

Auch in Deutschland gibt es jetzt die ersten konkreten Projekte zum Einsatz von CCS. So plant die RWE Dea den Bau einer ersten CO_2-Pipeline, allerdings nur für die Lagerung in salinaren Aquiferen (Salzwasser führende poröse Gesteinsschichten) oder in Erdgaslagerstätten, die besonders in Norddeutschland vorkommen.[42] Die Pipeline soll ein geplantes Pre-Combustion-Kraftwerk in Hürt bei Köln und geeignete Lagerstätten in Schleswig-Holstein verbinden. Anderthalb Meter tief unter der Erde und 530 Kilometer lang soll die Pipeline werden und durch die Bundesländer Nordrhein-Westfalen, Niedersachsen und Schleswig-Holstein gehen. Pro Jahr sollen etwa 2,6 Mio. Tonnen Kohlenstoffdioxid transportiert werden.[43]

Beim Abfassen der Facharbeit ist das Problem aufgetreten, dass die Möglichkeit der Ozeanspeicherung von Forschern aufgrund der rechtlichen und ökologischen Problematik weniger beachtet wurde als die Lagerung an Land, sodass die meistens Quellen mehr die geologische Speicherung als Thema hatten und die Ozeanspeicherung eher am Rande beschrieben und dadurch das Thema weniger tiefgehend behandelt wurde.

---

[42] Vgl. Bielig, Tina. Nicht-intendierte Outputs bei der Gewinnung und Verstromung von Braunkohle. Berlin: Universitätsverlag der TU Berlin 2010. S. 48.
[43] Vgl. http://www.iz-klima.de/ccs-prozess/transport/co2-pipeline/projektverlauf/, Zugriff: 12.02.2012.

Literaturverzeichnis

Beising, Rüdiger. *Klimawandel und Energiewirtschaft.* 4. Auflage. Essen: VGB PowerTech 2010.

Bennett, Jeffrey / Donahue, Megan / Schneider, Nicholas, et al. *Astronomie die kosmische Perspektive.* 5.Auflage. München: Pearson Studium 2010.

Bielig, Tina. *Nicht-intendierte Outputs bei der Gewinnung und Verstromung von Braunkohle.* Berlin: Universitätsverlag der TU Berlin 2010.

Blohm, Michael / Erdmenger, Christoph / Ginzky, Harald, et al. Climate Change, *Technische Abscheidung und Speicherung von CO2 – nur eine Übergangslösung.* Dessau: Umweltbundesamt 2006.

Cerdá, Óskar. *Thermoreversible Gele von isotropen und anisotropen Flüssigkeiten mit chiralen Organogelatoren.* Göttingen: Cuvillier Verlag Göttingen 2005.

Duda, Carolin. *Meeresökosysteme (ohne Tiefsee) am Beispiel der Antarktis.* 1.Auflage. Norderstedt: Grin Verlag 2006.

Fischedick, Manfred / Esken, Andrea / Luhmann, Hans, et al. *Geologische CO_2-Speicherung als klimapolitische Handlungsoption.* Wuppertal: Wuppertal Institut für Klima, Umwelt, Energie 2007. S. 16.

Goldberg, Philip. *„ CO_2 Mineral Sequestration Studies in US“.* Journal of Energy & Environmental Research, 01 (01), 2001.

Grünwald, Reinhard. *Treibhausgas – ab in die Versenkung? Möglichkeiten und Risiken der Abscheidung und Lagerung von CO2.* Berlin: Edition Sigma 2008.

Katz, Tobias. *Ein Beitrag zur Bewertung von Maßnahmen zur CO2-Abscheidung und -Speicherung unter dem Aspekt der Nachhaltigkeit.* Aachen: Technische Hochschule Aachen 2010.

Lampp, Jan. *CO2-Speicherung-Ansätze, Konzepte,* Trends. Norderstedt: Grin Verlag 2009 .

Möbius, Sigrid Annett. *Charakterisierung perowskitischer Hochtemperaturmembranen zur Sauerstoffbereitstellung für fossil gefeuerte Kraftwerksprozesse.* Aachen: Forschungszentrum Jülich 2010.

Panos, Konstantin. *Praxisbuch Energiewirtschaft: Energieumwandlung, -transport und -beschaffung im liberalisierten Markt.* 2. Auflage. Heidelberg: Springer Verlag 2009. S. 265.

Radgen, Peter / Cremer, Clemens / Warkentin, Sebastian, et al. *Climate Change, Verfahren zur CO2-Abscheidung und -Speicherung.* Dessau: Umweltbundesamt 2006.

Tetzlaff, Karl-Heinz. *Wasserstoff für alle: Wie wir der Öl- Klima- und Kostenfalle entkommen.* Norderstedt: Books on Demand 2008.

Zellner, Reinhard. *Chemie über den Wolken.* 1. Auflage. Essen: Wiley-VCH Verlag 2011.

Internetquellen:

http://www.goergens-miklautz.de/klimaxjs/klimawandel.html, Zugriff: 04.02.2012.

http://www.iz-klima.de/ccs-prozess/transport/co2-pipeline/, Zugriff: 10.02.2012.

http://www.iz-klima.de/ccs-prozess/transport/weitere-transportoptionen/, Zugriff: 10.02.2012.

http://www.iz-klima.de/ccs-prozess/transport/co2-pipeline/projektverlauf/, Zugriff:
12.02.2012.

http://www.lbeg.niedersachsen.de/portal/live.php?navigation_id=573&article_id=935&_psma
nd=4, Zugriff: 13.02.2012.

Anhang

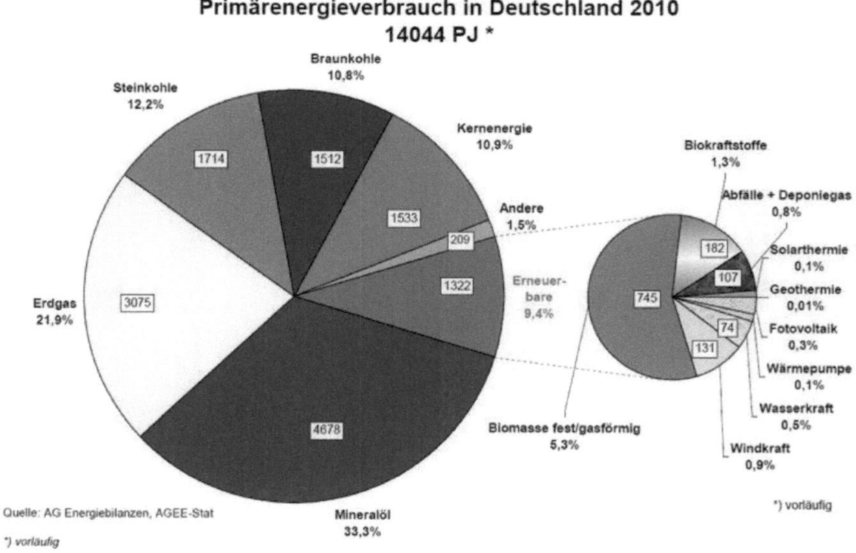

Abbildung 1: Energieverbrauch Deutschlands[44]

---

[44] http://www.bmwi.de/BMWi/Redaktion/Bilder/Energie/Energiedaten/energie-daten-energiegewinnung-und-
energieverbrauch-grafik-3,property=bild,bereich=bmwi,sprache=de.jpg, Zugriff: 09.02.2012.

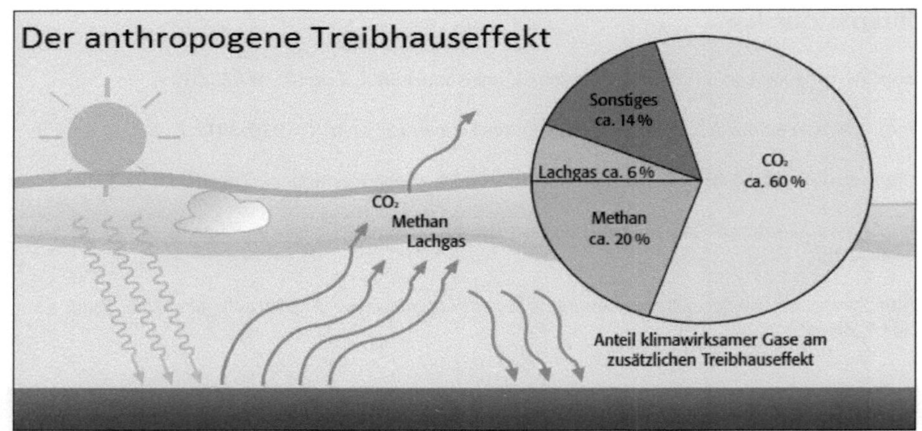

Abbildung 2: Der anthropogene Treibhauseffekt[45]

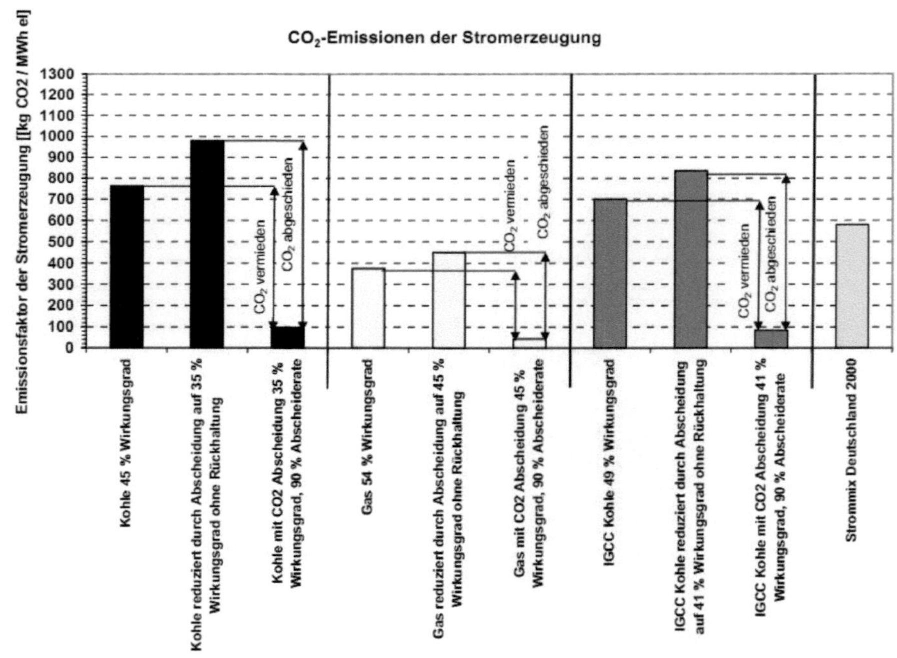

Abbildung 3: Emissionsfaktor der Stromerzeugung[46]

---

[45] Vgl. http://www.goergens-miklautz.de/klimaxjs/images/Treibhauseffekt%20anthropogen.bmp, Zugriff: 04.02.2012.

[46] Vgl. Blohm et al. 2006, S. 41.

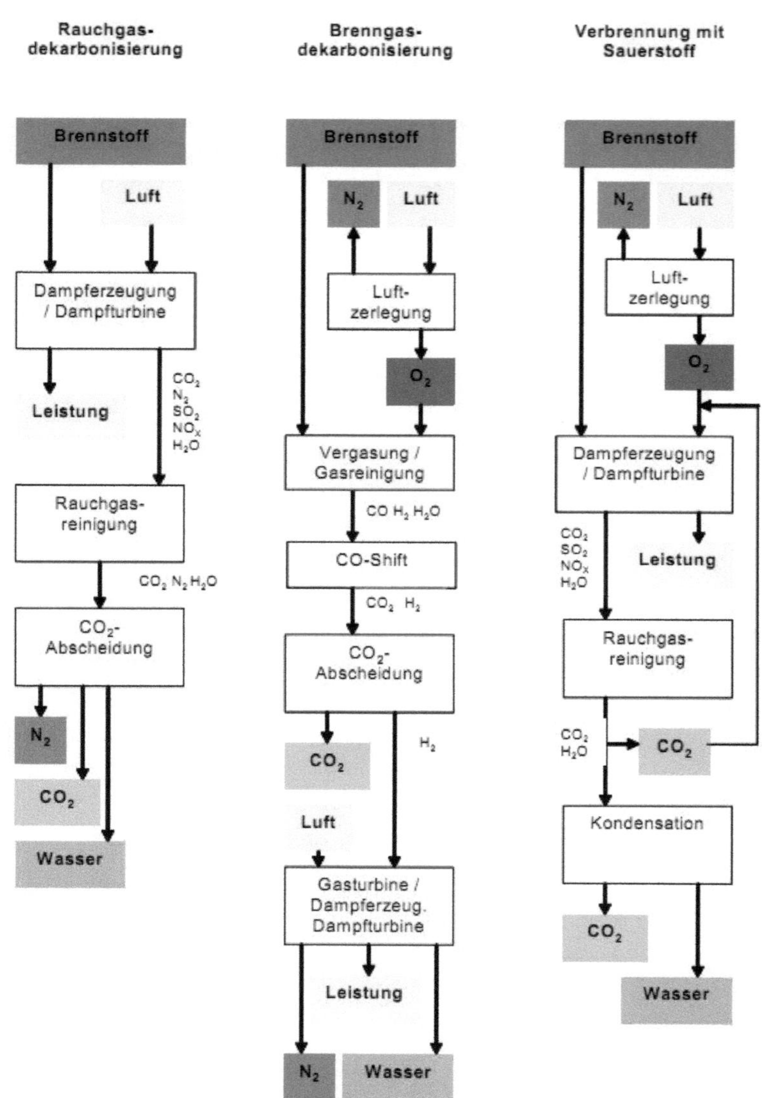

Abbildung 4: Schematische Darstellung der drei Hauptverfahren zur CO_2-Abscheidung[47]

[47] Vgl. Radgen, Peter / Cremer, Clemens / Warkentin, Sebastian, et al. Climate Change, Verfahren zur CO2-Abscheidung und -Speicherung. Dessau: Umweltbundesamt 2006. S. 14.

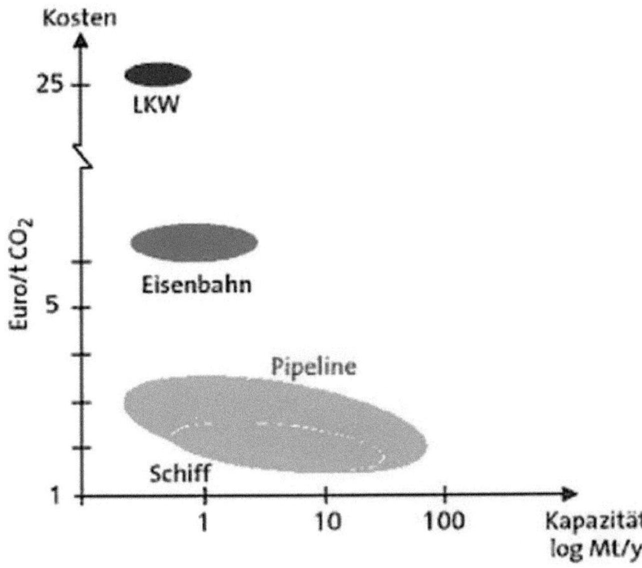

Abbildung 5: Kosten und Kapazität der Transport Möglichkeiten von CO$_2$[48]

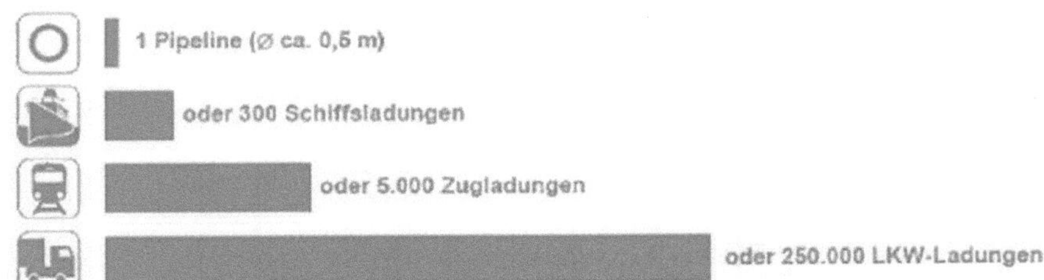

Abbildung 6: Vergleich der Transportmöglichkeiten für CO$_2$[49]

---

[48] Grünwald, Reinhard. Treibhausgas – ab in die Versenkung? Möglichkeiten und Risiken der Abscheidung und Lagerung von CO2. Berlin: Edition Sigma 2008.

[49] Lampp, Jan. CO2-Speicherung – Ansätze, Konzepte, Trends. Norderstedt: Grin Verlag 2009.

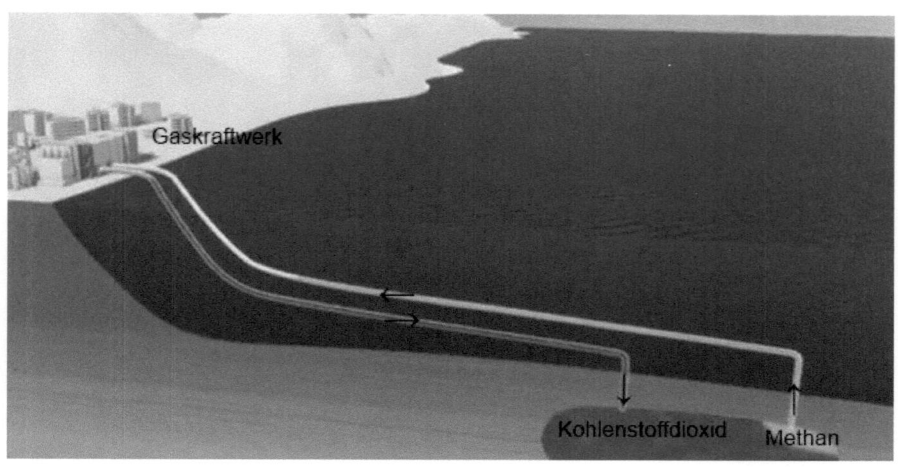

Abbildung 7: Schema: Methanhydrat- und Kohlendioxid-Austausch[50]

Geologische Speicherung	Quelle	Globales Potenzial [Gt CO$_2$]	Speicherdauer [a]
Saline Aquifere	Hendricks	330 -3.600	>100.000
	Grimston et al.	110 - 2.400	
	IPCC	> 3.600	
	Edmonds et al.	320 - 10.000	
Tiefe Kohleflöze, ECBM	Edmonds et al.	> 75	> 100.000
	Grimston et al.	300 - 1.000	
	IPCC	150	
Enhanced Oil Recovery, EOR	IEA	37 (zwischen 2010 und 2020)	
	Hendricks	150 - 360	
	Stevens et al.	125	
	Grimston et al.	75 -240	Dekaden
Erschöpfte Öl- und Gasfelder	Hendricks	330 - 1.500	> 100.000
	Grimston et al.	480-1.850	
	IPCC	1.800	
	Edmonds et al.	650 - 1.800	
Ozeanspeicherung	Quelle	Globales Potenzial [Gt CO$_2$]	Speicherdauer [a]
Trockeneisversenkung/	Hendricks	1500 - > 4500	1.000
Tiefseeinjektion (> 3000m)/	IPCC	> 3600	1.000
Gaslösung ab 1000m Tiefe	Edmonds	>4000	1.000
Biologische Bindung	Quelle	Globales Potenzial [Gt CO$_2$]	Speicherdauer [a]
Aufforstung	Grimston et al.	220 - 330	50
	IPCC	180 - 370	50
Meeresalgen	Adhiya/Chisholm	180 - 550	
	IPCC	4,4 /a	1.600

Abbildung 7: globales Speicherpotential von CO$_2$ in Mrd. Tonnen[51]

---

[50] Vgl. Gebhardt, Wolf (2011). Methanhydrat: Das „weiße Gold" vom Meeresgrund [Film]. Bonn: DW-World.de.

[51] Bundesministerium für Wirtschaft und Arbeit (Hg.). Die Entwicklung der Energiemärkte bis zum Jahr 2030. Berlin: Oldernbourg Industrieverlag 2005.